影响世界的中国植物

水稻

养育亿万生命　　传承华夏文明

金炬/编著

时代出版传媒股份有限公司
安徽少年儿童出版社

目录

水稻的图谱

水稻属于一年生草本植物，根据植物种子发芽时候的叶片数属于单子叶。

自花授粉的稻花

水稻开花时，枝头往下的中间部分都会开白色小花，稻花很小却很美丽，从开放到闭合总共只有 1 个多小时。

披针样的稻叶

稻叶中部以下最宽，上部越来越尖，属于线状披针形。稻叶能进行光合作用，把吸收的二氧化碳和根吸收的水分作为原料，合成水稻所需要的养分。

植物根据种子发芽时候的叶片数的不同，分为单子叶植物和双子叶植物。水稻属于单子叶植物。

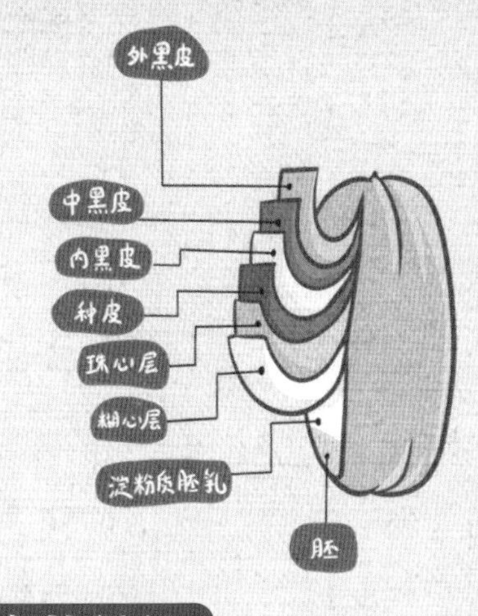

椭圆形的稻粒

稻粒也就是稻子，它是水稻的果实，由外而内分别有稻壳、糠层、胚和胚乳等部分。我们吃的大米就是胚乳。

直立的稻秆

稻秆是直立的，高的能有小学生那么高，在收获籽实后的剩余部分叫秸秆，是一种有很多用途的生物资源，也能作为粗饲料饲喂牛羊等牲畜。

胡须般的根系

水稻的根像胡须一样，细短而且多，随着稻的生长数量还会增加，稻株旁也会不断长出分枝。

喜水的生长环境

水稻喜欢温暖、湿润、日照时间不长的生长环境，对土壤要求不高，以水稻土最好。

水稻种植的起源

7000 多年前大米就已经成为中国人的主要食物。现在，水稻是世界上重要的农作物之一，为全世界二分之一以上的人口提供主食来源。

玉蟾岩遗址

湖南道县玉蟾岩遗址出土的水稻谷粒和原始农业用具证明了当时存在原始农业，同时也是目前发现的世界最早的人工栽培稻实物标本，距今约 12000 年。

玉蟾岩

城头山古文化遗址

湖南常德澧县的城头山文化遗址出土了稻、瓜等 170 多种人工种植和野生植物籽，距离城头山遗址 1 公里处发现距今约 8000 年的人工栽培稻。

河姆渡人使用的骨制和石制工具，是现在我们日常所见的铁锹、锄头、犁耙等农业生产用具的前身。

河姆渡遗址

浙江余姚的河姆渡遗址显示，7000 多年前的中国长江中下游地区，先民开始使用简易镰刀、犁头等工具将野生稻进行人工培育。

河姆渡遗址

罗家角遗址

浙江桐乡的罗家角遗址出土的稻谷，经科学鉴定为距今7000多年的人工栽培籼（xiān）稻和粳（jīng）稻。

河姆渡时期的干栏氏房屋，上层住人，下层饲养动物。

仰韶文化遗址

在河南省渑（miǎn）池县仰韶村出土的粗陶片上发现了5000年前的稻谷痕迹，作为黄河流域开始有稻作的证据。

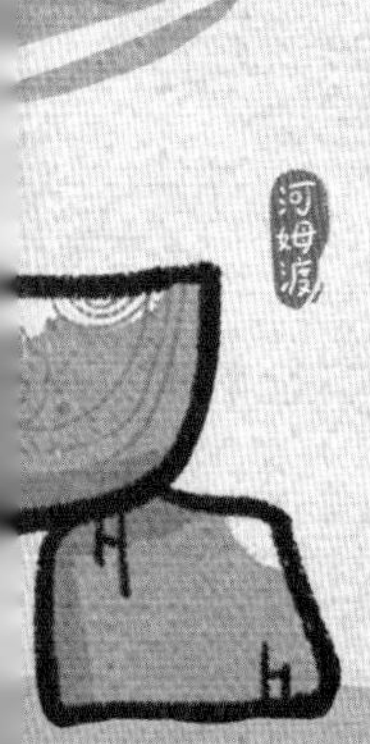

伯益种稻

《史记》中记载，大禹时期已经广泛种植水稻。大禹大力推广水稻种植，要伯益给大家分发水稻种子，种在水田里。

水稻的驯化

野生稻经过人们有意识地挑选、种植和培育，成为可以种植的粮食作物，这一过程就叫作驯化。

稗（bài）草

稗草吸收稻田里的养分，抢占水稻的生存空间，因此人们适时地除草，为水稻的生长扫清障碍。

野生稻

以前的野生稻有的贴地生长，有的籽粒小，有的易落粒，有的产量低。但是它像一个巨大的宝库，从中可以找到我们需要的特性，可以增强抗病能力等。

驯化

随着多年的驯化和改良，野生稻那些不好的性状逐渐被改变，慢慢变得产量高、品质好。

五谷
水稻是中国广泛种植的五谷之一，五谷都是人类经过驯化得来的，是我国重要的粮食作物，主要包括水稻（大米）、黍（黄米）、稷（小米）、麦（小麦）、菽（大豆）。
稻
黍
稷
麦
菽
栽培稻
人们栽培的水稻与自然界中的野生稻是不一样的。它的谷粒较大较圆，而且成熟时不易脱落。
水车
利用水力进行运转的机械灌溉工具，在中国农业发展中有很大贡献。它可以用于干旱时汲水，也能用于低处积水时的排水。我国在东汉时就有使用水车的记载。

水稻的种植

我们碗中的每一粒米饭都是农民伯伯辛苦劳作而得来的。你知道水稻是怎么长出来的？后来又如何变成大米的吗？

选种

起初，我是一粒种子，先要在水中浸泡 24 个小时进行催芽。我们在苗床上发芽 2 ~ 3 天后，幼根和幼芽从稻壳中长出，第一片叶子就长出来啦！

育苗

我们在苗床上拼命成长，二十多天长为秧苗后，这时人们就会将我们移植到他们事先放好水的稻田中进行栽种。

翻土

在育苗的时候，农民伯伯会翻一遍稻田的土壤，使土壤变得松软，我们会被种在这片秧田上。为了保证我们的营养，农民伯伯往往还会在土壤上再洒一层稻壳灰。

秧田里培育出的秧苗比较密集，不利于生长，人们将秧苗移栽在稻田里，让稻子有更大的生存空间，同时也会剔除那些弱小的幼苗，留下那些长势茁壮的幼苗。

插秧诗

[五代] 布袋和尚

手把青秧插野田，低头便见水中天。

六根清净方为道，退步原来是向前。

插秧

为了确保我们每一株都有足够的空间生长，人们将稻田分出区块，有序插种，所以大家看到的秧苗都是整整齐齐的。

除草

在稻田种植后，人们会时刻观察着我们的生长状态，拔除杂草让我们更好地吸收营养。

施肥

当长出第一节稻茎时，农民伯伯需要施肥，让我们的稻穗长得饱满健壮，增加结穗的数量。

驱虫

随着我们的成长，稻田里的害虫们也蠢蠢欲动，想要一饱口福，这时农民伯伯得想办法除掉害虫。

灌溉

在我们生长的不同阶段，农民伯伯还必须适时加强灌溉，为我们提供充足的水分。

收割

稻穗金黄饱满、沉甸甸的时候，农民伯伯便将稻子整齐地割下。

悯农

[唐] 李绅

锄禾日当午，汗滴禾下土。

谁知盘中餐，粒粒皆辛苦。

舂米

将稻谷放入器具中，用杵捣去皮壳。

脱粒

我们被收割之后还要脱粒，将稻粒从我们身上分离，才能收获金灿灿的稻谷。

蜕变

一粒粒稻谷还要经过晾晒、筛选和去壳，脱去外面的衣服，最后才能变成一粒粒大米。

水稻与农耕文明

中国古代靠天耕作，所以得顺着时令气候来安排农事。传统农耕社会的一些重要的民俗也一直延续至今。

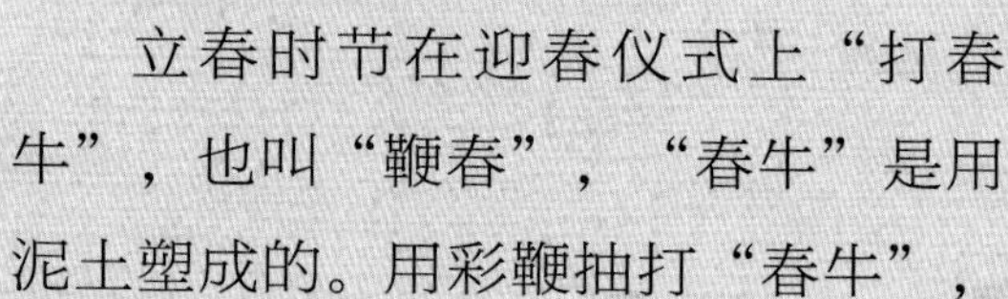

立春

立春时节在迎春仪式上“打春牛”，也叫“鞭春”，“春牛”是用泥土塑成的。用彩鞭抽打“春牛”，表示农事已经到来，要提前做好准备。

斋春牛

一到冬天，耕牛怕冷，农民早就为耕牛准备好过冬的保暖牛圈。到了二月初一，添精料喂牛、备香烛斋牛，人们祈祷耕牛安度春寒，膘肥体壮。

谷日节

传说农历正月初八是谷子的生日。这天人们会放生动物，表达祝福世间万物兴旺发达的美好愿望。

田公田婆生辰

传说农历二月初二是田公田婆的生辰。农家在这天要准备好酒食菜肴到土地庙进行祭祀，祝愿农事兴旺。

谷雨

谷雨时节降水明显增加，田中的育苗、秧苗初插，都需要雨水的滋润。雨水过量或过少都会造成危害，影响后期产量。

小满

小满是夏季的第二个节气，作物已经开始抽穗生长，籽粒也已灌浆，但还未成熟。

稻生日

农历八月二十四日为稻生日。稻生日的习俗主要是在稻谷丰收后，劳动人民表达对神灵的敬畏和对祖先的感激之情。

冬舂米

我国南方很多地方在冬至日这天会合力舂米，然后储存起来，称为“冬舂米”，据说这种米很长时间都不会被蛀坏，很受民众欢迎。

水稻的机械化之路

传统水稻种植主要以手工为主，人们劳作十分辛苦。现代水稻种植实现机械化作业后，不仅能减少劳动力，还能大幅度提高水稻的种植效率。

管理

以前在田间除草驱虫、施肥、灌溉、排水，十分辛苦。

整地

以前是用牛犁田，不仅牛累，人也累。

育苗

以前是人工撒种、育苗，效率不高而且质量不稳定。

收割

以前面朝黄土背朝天，用镰刀收割秸秆、用打谷机分离谷粒。

管理

使用物联网水稻种植系统，坐在办公室里就能进行田间管理。

整地

现在是机器整地，又快又好还不累。

育苗

现在有专门的育苗中心用育苗箱培育秧苗。

收割

现在用收割机收割后直接脱粒成稻谷。

宽广的水稻种植区

水稻是世界上的主要粮食作物之一，种植区域非常广泛。水稻种植与水分、日照、海拔、土壤都有着密切的关系。亚洲大部分地区、地中海沿岸、北美洲、中美洲、大洋洲和非洲部分地区，都有水稻种植。

到目前为止，世界水稻产量最高的国家是中国，大米产量超过 1.47 亿吨；其次是印度，大米产量大约 1.18 亿吨。

越南的大部分耕地用于种植水稻，水稻生产是国民经济的主要支柱。

泰国

世界上水稻出口量排名第一的国家是印度，其次是泰国。

中国云南攀天阁乡是世界海拔最高的水稻种植区。产稻区海拔2600多米，共有稻田1700多亩，所产特种稻谷“老黑谷”被评为十大名米之一。

中国黑龙江呼玛县是水稻种植的最北的地区。广阔的大平原地势平坦，雨水充沛，温度、光线等条件都为水稻生长提供了良好的环境。

世界上种植水稻面积最大的国家是印度，种植面积将近5千万公顷；第二是中国，种植面积为3千万公顷左右。

世界其他稻米生产国

1. 印度尼西亚：雨水丰沛，气候适宜，种植面积遍布全国。

2. 孟加拉国：以大米生产和消费而闻名。

3. 缅甸：土地肥沃，环境非常适合水稻生产。

4. 菲律宾：水田耕地较多，全国以大米为主食。

5. 巴西：南美洲唯一的水稻产量丰富的国家，生产两百多种不同类型的大米。

6. 日本：地少人多的岛国，但在日本水稻却是一个特殊的存在，其产量基本可以满足国内需求。

中国的水稻种植区域

西北稻作区

西北稻作区由于降水稀少，种稻完全依靠灌溉。此外，这些地区的土地多为沙地、盐碱地，非常不适合种植。

西南稻作区

地处云贵和青藏高原，是水稻种植较为困难的地区。这些地区粮食自给率低，拥有最高海拔的稻田，水稻单产低且不稳定。

华中稻作区

这里是中国最大的稻作区，既有平原优势，又气候适宜，所以水稻产量高，大部分地区都种植两季。

华北稻作区

位于秦岭、淮河以北，由于冬春干旱，夏秋雨水多而集中，因此华北稻作区的产量并不高。

东北稻作区

东北稻作区主要包括黑吉平原河谷和辽河沿海平原，水稻产量高，种植面积大。

华南稻作区

是中国最南部的水稻种植区，种植品种以籼稻为主，主要分布在河谷、江河平原和丘陵谷地，一年多熟，在沟壑、河谷较多的地区多采用梯田进行种植。

水稻的主要品种

世界上可能有超过 14 万种的水稻，而且科学家还在不停地研发新的稻种，因此水稻的品种究竟有多少，目前很难估算。

籼稻

籼稻最先由野生稻驯化而成，去壳成为籼米，煮熟后米饭较干、较松。在我国，籼稻主要种植于我国的南方稻区、长江流域和华南一些地区。

糯稻

糯稻脱壳后称糯米，与其他稻米相比，它所含的淀粉较高。我国南北各地均有糯稻的栽培区。糯米可以制成各种各样的食物，如米酒、粽子、八宝粥、年糕等。

粳稻

粳稻生长期长，一般一年只能成熟一次。去壳后成为粳米，粳稻米粒呈透明状，有嚼劲。在我国，粳稻主要种植于东北稻区、华北稻区和西北稻区。

旱稻

旱稻与水稻相比，需水量很小，就算缺少水分灌溉也能在贫瘠的土地上结出谷穗来。

旱稻产量一般低于水稻，出米率低，米质亦较次。因地域需求，旱稻演化出许多特别的山地稻种。

巨型稻

巨型稻身形笔挺，穗长粒多，圆润饱满，平均每蔸水稻植株比成年人还高，约有 40 个稻穗，亩产可突破 1000 公斤。

海水稻

海水稻是“杂交水稻之父”袁隆平率团队研究试种出来的。海水稻普遍生长在海边滩涂地区，具有抗涝、抗盐碱、抗倒伏、抗病虫害等能力，比其他普通的水稻有更强的生存竞争能力。

杂交水稻的进化

为了使水稻的产量更高、适应力更强、茎秆更粗壮，人们在田野间选出那些谷粒大、穗子长、抗病虫的稻谷保存下来，来年开春再播种下去，期待得到更多更优质的稻谷。

水稻的新生之路

20 世纪以来，世界各国都想通过选育不同种的水稻杂交，期望得到优良的水稻种。但水稻的花小而密集，带有花粉的雄蕊紧紧包裹着雌蕊，想要把这些雄蕊挑拣干净几乎不可能。

雄性不育种

无法剔除雄蕊，科学家们想出来别的方法，直接寻找雄性不育种，也就是要寻找没有花粉的水稻植株。

这里有一株
雄性不育的
水稻！
1917 年，日本学者发现了野生水稻雄性不育。
1926 年，美国农学家琼斯提出水稻具有杂种优势理论。
水稻杂交后的
产量会更好！
1963 年，美国人亨利·比谢尔在印度尼西亚首次成功完成水稻杂交，并由此获得 1996 年的世界粮食奖。
啊！我成
功了！
1968 年，日本科学家新城长友首次成功实现了基于“三系法”配套育种。三系法即培育和生产杂交水稻必须做到雄性不育系、雄性不育保持系和雄性不育恢复系相配套。
我没有
花粉！
我可以让不
育系保持！
我可以让不
育系恢复！
雄性不
育系
雄性不育
保持系
雄性不育
恢复系

中国杂交水稻的研究

杂交水稻刚被培育出来时，由于产量不稳定，无法大面积种植，于是中国的科学家也开始寻找雄性不育种，进行杂交水稻的研究。

杂交育种

1958 年，农技人员与农民合作，普遍开展了各种粮食作物的杂交育种试验。

袁隆平爷爷是“杂交水稻之父”，他致力于杂交水稻技术的研究、应用与推广，为我们的水稻生产作出了巨大的贡献。

不断试验的杂交稻

1961 年，袁隆平发现一株天然杂交稻具有明显的杂种优势，但经过一年的栽种，新生的水稻质量远不及父辈。

“野败”的发现

1970 年，我国农业科学家在海南找到了一株雄性不育的野生稻，取名“野败”，为杂交水稻的研究打开了突破口。

野败

在中国海南发现的雄性不育的野生稻，也是今天大多数杂交水稻的祖先。现有的大多数杂交水稻品种都是由“野败”杂交而成的。

“野败”的杂交

1972 年，我国农业学家成功培育出“野败”的后代“二九矮 1 号”。

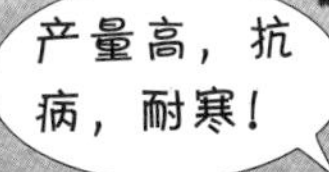

杂交水稻的推广

1975 年，杂交水稻开始在多地推广种植。1991 年出版的《中国杂交水稻的发展》，已经列出了 23 个杂交水稻组合。

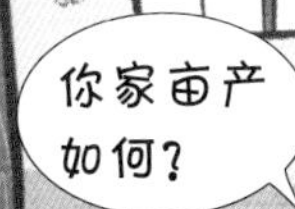

从 1976 年至 2011 年，杂交水稻的亩产从 316 公斤增长到 550 公斤，个别生态好的地方甚至高达 900 公斤。

稻田里的生态系统

人们在种植水稻向稻田引入水的同时，也引入了生活在水源里的小动物，如青蛙、蜻蜓、水蚤……它们在稻田里组成了一个生态系统。

蜻蜓

蜻蜓除了捕食螟蛾、稻飞虱、叶蝉等害虫外，还是稻田中的灭蚊能手。

蝗虫

喜欢以水稻等禾本科植物为食物，通常植物被蝗虫扫荡后颗粒无收。

鸭子

小鸭子不仅捕食蚂蚱，排出的粪便还为稻田里的土壤增肥，供给了水稻成长所需的养分。

稻螟虫

稻纵卷叶螟喜欢在高大茂密的稻田中产卵，幼虫钻入水稻叶心啃食。

青蛙

青蛙可以捕捉稻田的害虫，帮助水稻成长。

现在人们开始主动在稻田里养一些有利于水稻成长的动物。稻田里的动物互帮互助，使稻田的利用率得到很大的提升，同时也能够带来更多的经济效益。

蜘蛛

蜘蛛在田间织网，捕食稻飞虱、螟蛾等。

稻飞虱

汲取植物的汁液，掠夺营养，还会传播水稻矮缩病等。

小鱼和小虾

小鱼和小虾可以消灭田里的杂草和有害生物。

还有各种蛙类，它们食量不小，数量庞大，是捕食各种害虫的主力军。

水稻与农具

农具在农业生产中起着重要的作用，为了能在有限的土地产出更多的粮食，更好地进行水稻等粮食作物种植，我国的农具也在不断发展完善。

犁

中国最早的犁出现于商朝，西周晚期至春秋时期出现铁犁，开始用牛拉犁耕田，汉朝出现二牛一人犁耕法，隋唐时期出现了曲辕犁。

代田法

第一年

西汉时期实行代田法，在垄沟中种植作物，防风的同时防止倒伏。

第二年

第二年耕种时，将垄台的位置和垄沟互换利用，恢复土地的肥力。

垄沟

骨耜

中国最古老的农具之一，用水牛、鹿等动物的肩胛骨制成的，上面的柄厚而窄，下面的刃薄而宽，可以用来掀土，后慢慢演化成锨。

病牛

[宋] 李纲

耕犁千亩实千箱，
力尽筋疲谁复伤？
但得众生皆得饱，
不辞羸病卧残阳。

牛

牛在农耕、交通等方面都有广泛运用。由于牛在农业上的重要性，过去很多地方是不吃牛肉的，在宋朝私自宰杀耕牛还会犯法。

镰刀

用于收割庄稼的农具，由刀片和木把构成，刀片上往往带有小锯齿，人们现在仍在使用。

锄头

长柄农具，专用于中耕、除草、培土，最早出现于西周时期，直到现在还在使用。

稻田里的文化

自古以来，中国就是农业国家，有丰富的农耕文化。因此文人墨客描写农田的诗词占有很大的比重。

西江月·夜行黄沙道中

[宋] 辛弃疾

明月别枝惊鹊，清风半夜鸣蝉。
稻花香里说丰年，听取蛙声一片。
七八个星天外，两三点雨山前。
旧时茅店社林边，路转溪桥忽见。

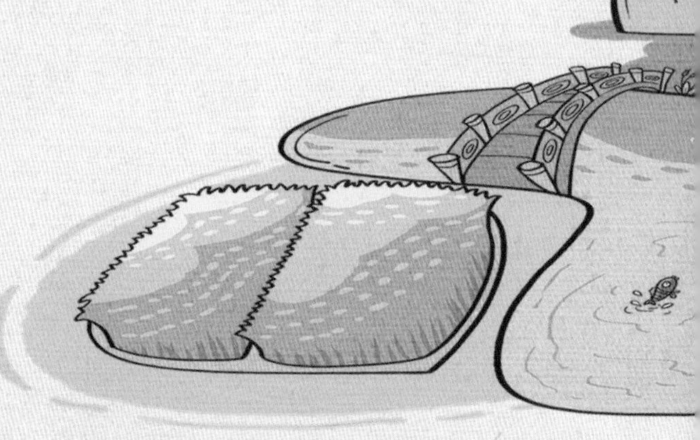

寄王荆公忆江阴

[宋] 朱明之

城上城隍古镜中，城边山色翠屏风。
鱼是接海随时足，稻米连湖逐岁丰。
太伯人民堪教育，春申沟港可疏通。
朱轮天使从君欲，异日能忘笑语同。

辛弃疾，南宋官员、将领、文学家，豪放派词人，有“词中之龙”之称。与苏轼合称“苏辛”。

雨大

[明末清初] 屈大均

雨大新成水，浑流满稻田。
沙痕微出草，野色淡含烟。
蜂食花须落，莺飞柳带牵。
人家新笋好，一一煮鱼鲜。

红稻米即胭脂米，《红楼梦》里贾母喝的红稻米粥来源自古老的胭脂稻，是一种极为珍贵的作物，营养极其丰富，煮熟时色如胭脂、浓香扑鼻，味道极佳。

杏帘在望

[清] 曹雪芹

杏帘招客饮，在望有山庄。
菱荇鹅儿水，桑榆燕子梁。
一畦春韭绿，十里稻花香。
盛世无饥馁，何须耕织忙。

与稻米有关的谚语、俗语

巧妇难为无米之炊。

一粥一饭当思来处不易，半丝半缕恒念物力维艰。

不当家不知柴米贵。

一样米养百样人。

水稻与经济重心

夏商周时期，我国的经济文化中心在黄河流域，经过三次南迁，人们带来北方各地区较高的生产技术，让江浙一带逐步成为全国的粮仓。

第一次南迁

西晋怀帝永嘉年间，匈奴攻陷了洛阳，中原人民为躲避胡人的残暴统治而大量南迁。西晋灭亡后，中国再次陷入分裂，北方也进入了战乱不休的五胡十六国时期。

土地连作制

第一次南迁带来了水稻复栽技术，第二次南迁种植技术升级为异地复栽，通过这种技术实现土地连作，土地利用率翻了一倍。这样即使粮食亩产没有变化，地区总产量也提升了一倍，江南地区的经济实力得到了增强。

第二次南迁

“安史之乱”后大量北方人士南渡，带去劳动力和先进的生产技术，促进了江南经济的发展，南方经济逐渐强大，南北经济趋于平衡。

第三次南迁

到了南宋时期，随着南方大量水田的开发，农业经济已经远远超过了北方。人口的再一次南迁，进一步巩固了南方经济中心地位。

稻麦两熟制

北方移民给南方带来了稻麦两熟制。在当时的南方，五月水稻插秧、八月收获，而紧接着冬小麦八月耕种、来年五月收割，错开了用地时间。南方的土地变成了一年稻麦两熟制，土地利用率又翻了一倍。

经济重心南移

随着北方人口的南迁，为南方带来了众多劳动力和成熟的水稻种植方法，大大提升了南方的水稻产量，也为南方逐渐发展为经济中心作出了巨大贡献。

水稻的传播

自从水稻被驯化后，中国种植水稻的区域不断扩大，水稻种植技术不断提高，水稻的传播也越来越快、越来越广。

公元前 7000 年，中国开始驯化水稻。

公元前 2000 年，水稻传入绳文时代的日本。

公元 5 世纪，水稻经伊朗传到西亚，然后经非洲传到欧洲。

1650 年，非洲的奴隶把水稻带到了美洲大陆。

公元前 2800 年，水稻成为中国种植的五谷之一。

大约公元前 330 年，亚历山大大帝从印度带回米酒。

1519~1522 年，麦哲伦船队在马来群岛见到水稻。

国际稻米节在每年 10 月的第三个周末。它是庆祝稻米的节日，节日期间还会举办米饭烹饪大赛、吃饭比赛等丰富多彩的活动。

水稻——大米

从坚硬粗糙的稻谷变成洁白晶莹的大米，还要进行一系列的加工哟！

稻壳

稻谷外面的一层壳，是稻米加工过程中数量最大的副产品。过去主要用于改良土壤，现在用于煤气发电、锅炉燃料，还能做成安全、无毒、可降解、成本低的一次性餐具。

米糠

米糠是稻谷脱壳后精碾稻米时产生的副产品。稻谷脱壳成糙米后，要经过再加工做成大米以供食用。米糠主要用来做饲料。

杂粮知识知多少

稻谷、糙米、胚芽米、大米都有什么区别呢？

稻谷

水稻成熟后，将稻粒从稻穗上分离，便得到了稻谷。

糙米

稻谷脱去最外面一层保护壳后就是糙米，保留了稻谷八成的产物比例，营养价值较高，但煮食时间较长，口感略硬。

胚芽米

糙米加工后去除糠层保留胚及胚乳就是胚芽米，保留了稻谷七成半的产物比例，介于糙米和大米之间。

大米

糙米继续加工碾去皮层和细糠基本上只剩下胚乳，就是我们常见的大米。相较于糙米，大米营养价值较低，但是方便易煮，好食用。

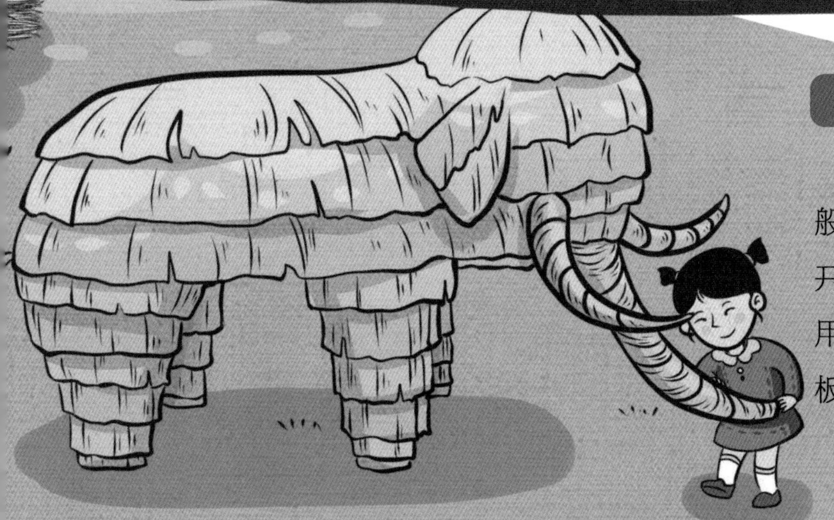

稻秆

水稻收获后的副产品。一般用于肥田和饲喂禽畜，现在开发出越来越多的用途，除了用于编织成工艺品，还能制作板材、造纸、生产肥料等。

美食大国——中国

中国是美食大国，在中国不同的地区，大米有着不同的做法，做成各种各样的美食。

糍粑

糍粑流行于中国南方地区，是以糯米为主要原料制成的一种小吃。人们将糯米洗净蒸熟，然后捣碎、捶打成团，再切成长条或者团成饼状。

糍粑口感香甜，可以烤着吃、蒸着吃和炸着吃。

米豆腐

米豆腐是用大米加食用碱做成的。色泽明亮，口感清香、软滑细嫩，既可冷食也可熟食。冷食直接调蘸料凉拌，润滑鲜嫩、酸辣可口；熟食通常和蔬菜、猪肉一起炒。

粽子是中华民族传统节庆食物之一。相传爱国诗人屈原在五月初五自投汨罗江，以身殉国。于是每年五月初五端午节吃粽子纪念屈原成了我国流传了几千年的风俗。

粽子

粽子是把糯米和馅料包在粽叶里面，煮熟而成，一般有三角形、四角形、尖三角形、长形等各种形状，体现了不同的地域特色。吃的时候剥开粽叶，粽香喷鼻，入口油而不腻，糯而不黏，味道鲜美。

米粉

米粉是中国南方地区非常流行的美食，以大米为原料，经浸泡、蒸煮和压条等工序制成条状或丝状，质地柔韧，富有弹性。

萝卜糕

在福建、广东等地区，人们将籼米磨成米粉，然后在米粉浆中加入腌制好的萝卜丝等材料，上蒸笼蒸制而成。

米皮

陕西的特色小吃，是用大米磨成浆，放在滚烫的水里蒸熟的。蒸好的米皮搭配新鲜的蔬菜，淋上调味料，软糯香辣，爽脆感十足。

青团

江南地区在清明节吃的一道传统点心。用艾草的汁拌糯米粉，再包裹进豆沙或者莲蓉馅儿，带有清淡悠长的清香。

老鼠粄（bǎn）

客家特色小吃之一，因为它两端尖尖像老鼠尾巴，客家人习惯称米粉制品为“粄”，所以称作“老鼠粄”。

煲仔饭

煲仔饭主要以砂锅作为容器煮米饭，而广东称砂锅为煲仔，故称煲仔饭，是广东有名的特色小吃。

手抓饭

手抓饭是新疆维吾尔、乌孜别克等民族人民喜爱的一种饭食。用大米、羊肉、胡萝卜、洋葱等加水加盐后，小火焖熟的风味食品。

元宵

民间有元宵节吃元宵的习俗。元宵分为有馅料的和没有馅料的，元宵的馅料有甜的、有咸的，比如绿豆、瘦肉等。

隔海相望的邻国：日本

日本的米料理种类繁多。最简单的白米，做成的寿司、饭团等已成为日本美食的象征。

握寿司

握寿司是用手把米饭握成小块，抹上山葵，最后铺上配料。

炙寿司

对寿司的食材进行轻度的炙烤，会让食材散发出脂类焦化特有的香气。

稻荷寿司

将炸豆腐在咸甜的酱汁中炖煮后，将炸豆腐从中间剖开，塞入醋饭。

加州卷

把米饭卷在外面，海苔卷在里面包裹住煮熟的食材，外面撒上芝麻等。

水信玄饼

像水晶球一样透明的“水信玄饼”，是用糯米粉做成软年糕后沾上黄豆粉而制成的。

糯米团子

用糯米粉制成的日本小吃，搓成一个个小团子，再用竹签串起来，最后会在上面放上红薯泥一起食用。

饭团

日本的快餐之一。饭团一般会做成三角形，里面的鱼肉食材一般是三文鱼或金枪鱼。

日式甜点，外层是糯米皮，里面包裹的馅料是草莓，口感香滑软糯，一般作为茶余饭后的甜点。

用纯米酿造的酒，是日本的国酒，各种宴会及百姓的餐桌上，都有清酒的影子。

多种多样的美食

水稻从亚洲出发，逐渐在全球范围内传播，在各地的饮食文化里都占有一席之地。这一粒粒小小的果实，改变着世界的饮食文化。

泰国菠萝炒饭

西班牙海鲜饭

图书在版编目（CIP）数据

影响世界的中国植物. 水稻 / 金炬编著. -- 合肥 : 安徽少年儿童出版社, 2024.10
ISBN 978-7-5707-2102-3

Ⅰ. ①影… Ⅱ. ①金… Ⅲ. ①水稻—少儿读物 Ⅳ. ①S-49

中国国家版本馆CIP数据核字(2024)第035023号

YINGXIANG SHIJIE DE ZHONGGUO ZHIWU SHUIDAO
影响世界的中国植物·水稻　　金炬 / 编著

出 版 人：李玲玲　　策　　划：金　炬　　责任编辑：王卫东　潘　昊
责任校对：张姗姗　　责任印制：郭　玲　　特约编辑：文治国
插　　画：尹红玉　　封面设计：李　蓉　　装帧设计：熊施丽　杨淇富
出版发行：安徽少年儿童出版社　E-mail：ahse1984@163.com
新浪官方微博：http://weibo.com/ahsecbs
（安徽省合肥市翡翠路1118号出版传媒广场　邮政编码：230071）
出版部电话：（0551）63533536（办公室）　63533533（传真）
（如发现印装质量问题，影响阅读，请与本社出版部联系调换）
印　　厂：合肥华星印务有限责任公司
开　　本：787 mm × 1092 mm　1/16　印张：3
版　　次：2024年10月第1版　2024年10月第1次印刷

ISBN 978-7-5707-2102-3　定价：25.00元